MANUEL

DU

VÉLOCEMAN

OU

NOTICE, SYSTÈME, NOMENCLATURE, PRATIQUE
ART ET AVENIR DES VÉLOCIPÈDES

PAR

A^D BERRUYER
Inventeur des Jambes-Étrières
B^tées S. G. D. G.

PRIX : 3 FRANCS.

PARIS
CHEZ L'AUTEUR
boulevard du Temple, 46.

GRENOBLE
CHEZ PRUDHOMME, ÉDITEUR
rue Lafayette
ET CHEZ TOUS LES LIBRAIRES.

1869

ERRATA :

Page	6, ligne	8,	au lieu de *du* vélocer, lisez : *de* vélocer.
»	14	» 5	— — L'équilibre est acquis, lisez : *L'équilibre acquis.*
»	17	» 13	— — *dans* des tourrillons, lisez *avec.*
»	46	» 18	— — *que*, lisez, *qui.*
»	52	» 9	— — *inutile*, lisez : *inutile. On*
52	»	» 10	— — *derrière*, lisez : *derrière : tout*
52	»	» 11	— — *effet*, lisez : *effort.*
53	»	» 20,	supprimez la virgule après *spécial.*
63	»	» 20,	au lieu de *permette*, lisez, *permettent.*
67	»	» 18	— — *grandes*, lisez : *fortes.*
77	»	» 1	— — *ces*, lisez : *les*

MANUEL

DU

VÉLOCEMAN

PRIX : 3 francs.

NOTA

Le dépôt des Jambes-étrières, des Estampilles des Jambes et des Véloces complets est :

Boulevard du Temple, 46, à Paris.

MANUEL
DU
VÉLOCEMAN
OU
NOTICE, SYSTÈME, NOMENCLATURE, PRATIQUE
ART ET AVENIR DES VÉLOCIPÈDES

PAR
A[D] BERRUYER
Inventeur des Jambes-Étrières
B[tées] S. G. D. G.

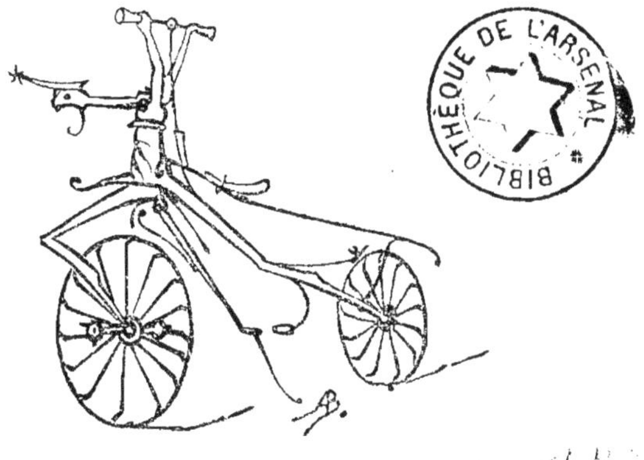

GRENOBLE
TYPOGRAPHIE DE F. ALLIER PÈRE & FILS
Grande-Rue, 8, cour de Chaulnes.
1869

INTRODUCTION

Le Véloce est désormais classé parmi les montures utiles des peuples civilisés. Bientôt il sera connu du monde entier. Dès que les sillons de ses voies auront été coulés sur les routes, il fera le tour du monde.

Pousser vivement à son développement et à son perfectionnement, telle est la tâche que nous nous imposons.

Si nous ne pouvons lui consacrer que le reste de nos forces, que le fruit d'une vieille expérience, du moins le courage ne nous manquera pas pour donner l'exemple en personne et prouver qu'il convient à tous les âges.

Les services que cette monture nous rend, au triple point de vue de l'utilité, de l'agrément et de l'hygiène, nous portent donc à la recommander de préférence à toutes autres et à faire connaître toutes les ressources diverses qu'elle nous offre.

Nous regrettons de ne pouvoir exposer aux vélocemen que ce qu'ils savent déjà, que ce qu'ils peuvent apprendre facilement. Nous n'aurons peut-être d'autre mérite que celui d'avoir entrepris de marquer la première phase d'utilité de l'art du vélocer. Cependant, si nous évitons des recherches aux novices et si nous abrégeons les études des adeptes, nous aurons encore employé notre temps d'une manière convenable.

Tout ce que doit comporter un manuel ne peut entrer dans le cadre que nous nous assignons. Nous nous bornerons à ce qui nous paraît essentiel. Plus tard, si cela est nécessaire, nous comblerons les lacunes laissées ou signalées.

Tout d'abord, pour satisfaire la légitime curiosités des nouveaux venus, nous aurons à parcourir rapidement l'histoire de notre modeste Véloce-bycicle, que nous ne désignerons plus que sous le nom de Véloce. Cette monture automatique étant d'invention moderne, nous ne pouvons trouver que peu d'éléments dans ses annales, d'autant plus que nous devons rejeter les détails incertains ou inutiles.

Dès que nous connaîtrons sommairement l'origine et les développements successifs de l'instrument, tel que nous le possédons, avec ses graisseurs, son frein à bascule, ses paracrottes, son marchepied et sa jambe-étrière, nous nous livrerons à l'étude de son système, ou à l'exposition de la théorie.

Le système général décrit, nous analyserons les pièces différentes pour avoir la connaissance de ses principaux détails et offrir une nomenclature.

Quand nous serons mis en possession de notre monture, avec la conscience de ses ressources et de la perfection de ses parties constitutives, nous nous empresserons d'en faire l'apprentissage, de nous en rendre maître et d'en user pour notre utilité. Ce sera la pratique du véloce.

Lorsque nous aurons asssimilé les organes de notre automate avec les nôtres, lorsque nous l'aurons identifié avec nous, sans éprouver la moindre résistance, nous monterons à Véloce avec art pour tenir la route très longtemps, de manière à ne pas nous fatiguer, à ne point nous exposer à la risée des réfractaires et à mériter les sympathies et les éloges des maîtres.

Alors il ne nous restera plus que de nous livrer à des considérations générales sur l'avenir du Véloce, au point de vue de son application sérieuse dans les états civilisés.

Avant de monter à Véloce et de nous lancer dans cette voie toute tracée, nous prions les maîtres, les adeptes, les novices et les lecteurs de nous permettre de leur montrer le Véloce comme le symbole d'une civilisation lumineuse et valeureuse.

Son application plus répandue, nous n'en doutons pas, donnera lieu à la constitution latente d'une chevalerie moderne, qui rendra des services immenses à la société, et modifiera sensiblement, ce qui ne sera pas trop tôt, nos mœurs et nos costumes.

Cette chevalerie, ou plutôt Vélocerie, dont l'organisation naturelle ne comportera aucun chef, ni membre inscrit, sera un dérivatif de cette tendance moderne aux affiliations qui oblitèrent la raison, énervent le corps et enchaînent la liberté.

La devise de cette Vélocerie sera : Lumière et valeur. Si elle rencontre des obstacles à son épanouissement pour les tournois et les grandes courses, elle y ajoutera : liberté, afin de pouvoir conquérir sans relâche ses droits de cité, sa modeste place au soleil et les Véloces-voies qui lui sont indispensables.

C'est alors que le Véloce sera la monture la plus utile de toutes celles connues. C'est alors qu'elle pourra défier même les locomotives des chemins de fer, comme le petit David osa combattre le géant des Hébreux.

I. NOTICE.

Le Vélocipède est de toutes les machines de voyage la plus légère, la plus ingénieuse et la plus alerte. C'est une monture automatique mue par son cavalier. Sa structure est celle des bipèdes.

Nous le nommons Véloce-bicycle et même, de préférence, simplement Véloce, parce qu'il est le plus agile de tous ses congénères.

Les tricycle et quadricycle, qui sont des véhicules à trois et quatre roues, traînés ou mus par les conducteurs, diffèrent essentiellement des Véloces, autant par la structure que par le nombre des roues.

Il nous est impossible de préciser l'origine des Véloces. Nous ne voyons pas pourquoi il serait nécessaire de reporter son berceau jusque dans les temps reculés. Ce qui nous paraît certain, c'est que les peuples qui n'ont connu ni les chemins de fer, ni les routes macadamisées, n'ont pu en faire un grand usage, si toutefois ils en ont eu connaissance.

L'illustre M. Figuier nous a appris que ce n'est qu'en 1832 que les véloces-bicycles, avec l'équilibre maintenu sur les deux roues par le véloceman, ont été essayés, sans succès, pour le service des facteurs de poste.

Ce que nous savons tous, c'est qu'à partir de cette époque, les Véloces mus par l'impulsion des pieds, agissant directement sur le sol, et dirigés à l'aide du gouvernail attaché au-dessus de la roue de devant, rencontrèrent un grand nombre d'amateurs et furent manœuvrés avec habileté. Ces Véloces étaient appelés Dreuzienne, sans doute du nom du premier applicateur dans l'expérience du service des postes.

Le Véloce était alors dans sa première phase. Les Vélocemen habiles, lorsque la monture était vivement lancée, se maintenaient en équilibre en tenant leurs pieds en l'air ou sur des supports. C'était l'essentiel. Dès lors le Véloce devait sortir de cette phase d'incubation pour entrer dans celle de l'expérimentation ou de l'enfance.

Le Tricycle, de son côté, ne servait que comme jouet d'enfant ; mais l'impulsion n'était pas prise sur le sol: elle était donnée par l'action rotative des mains sur les manettes, tandis que les pieds imprimaient la direction par leur action sur des marchepieds ou leviers.

Le Quadricycle a été le premier véhicule dans lequel l'action des pieds a été employée efficacement pour la propulsion.

Ces deux véhicules ont atteint assez rapidement leurs premiers degrés de développement et de perfectionnement. Néanmoins, comme ils ne peuvent être utilisés que pour les transports sur des Véloces-voies, ils ne nous offrent de l'intérêt qu'aux points de vue de la comparaison et du stimulant dans la route des progrès du Véloce-bicycle.

Si le Véloce de M. Dreuze avait des pédales rotatives fixées à l'axe de la roue de devant, il n'y avait plus qu'à améliorer l'exécution et à renouveler l'expérience, dans des conditions convenables, pour en reconnaître les avantages et le faire accepter par les amateurs intelligents.

Mais il y a eu des tâtonnements, des incertitudes, des timidités, des inhabiletés qui ont duré pendant plusieurs années. Il est très difficile de donner des détails précis et de suivre les premiers pas de notre Véloce dans sa tendre enfance. L'équilibre est acquis par le balancier et l'action des pieds, déjà utilisée dans les quadricycles, pouvait être employée efficacement dès cette époque.

D'ailleurs il est extraordinaire que les amateurs aient abandonné si rapidemment les premiers Véloces sans pédale, dont les inconvénients néanmoins étaient bien compensés par les avantages.

On entrevoyait sans doute les améliorations subséquentes et on attendait dans l'inaction.

Ce n'est que depuis douze ans que le Véloce bicycle, avec équilibre et direction par les manettes, et impulsion par les pédales, a été employé avec succès par les divers amateurs, qui ont poursuivi son perfectionnement avec un courage digne d'éloge. Parmi eux nous devons citer l'éminent M. Perret, qui, le premier, l'a introduit dans le Dauphiné, où il s'est développé rapidemment.

Depuis six ans un certain nombre de vélocemen distingués sont parvenus à avoir des Véloces assez bien construits et à marcher d'une manière très remarquable. Ils ont obtenu des résultats en longue route, à grande vitesse, qui n'ont pas été dépassés sensiblement.

Pendant tout ce temps le Véloce a conservé la structure du quadrupède. Chacune des roues était tenue par deux jambes et le corps se prolongeait jusque sur la roue postérieure. M. Perret est le premier qui ait relevé l'enfant, qui jusque là était à quatre pattes, pour le forcer à marcher sur ses deux jambes, en utilisant les manettes pour tenir un axe sur lequel s'enroulait la courroie du frein à bascule. Cela a été un progrès considérable.

Dès lors le Véloce est devenu grand enfant. Il ne s'est pas encore tenu debout tout seul ; mais, soutenu par son cavalier, qui était plein de sollicitude pour lui, qui ne l'abandonnait pas sans le coucher avec précaution, il marchait autant qu'on pouvait le désirer. Le frein à bascule était le même que celui que nous préférons encore, que nous employons exclusivement dans nos Véloces dauphinois.

Depuis deux ans les Véloces se développent avec une rapidité toujours croissante, quoique notre génération de ramollis soit disposée à les considérer comme une plaie et que les administrations de nos grandes villes se croient obligées de prendre en considération les rumeurs de vieux radoteurs encore plus hébêtants qu'hébétés. Les arrêtés qui en ont été la conséquence, arrêtés que l'on peut considérer comme semi-prohibitifs, contre lesquels il est difficile de protester ouvertement, puisque la masse des vélocemen novices, qui a été jetée subitement sur les pavés, semble, par ses écarts de toute sorte, leur donner raison; ces arrêtés, disons-nous, n'ont pas pu ralentir le mouvement. Au contraire, il semble que le succès soit assuré par cela même. Espérons cependant que nos maîtres sauront, par leur habileté et leur savoir-faire, gagner des adeptes ou des prosélytes parmi les administrateurs intelligents, de manière à pouvoir faire respecter notre liberté, qui ne fait de mal à personne et qui ne peut être un danger public.

Alors les places, les contre-allées et promenades nous seront permises. Alors nous ne serons pas voués aux pavés barbares des chaussées sur lesquels le Véloce ne saurait s'ébattre avec plaisir.

Nous venons de traverser la phase de l'expérimentation ou celle de l'enfance du Véloce.

Pour nous résumer et donner quelques détails sur les améliorations et développements successifs sans leur assigner d'époque, disons que le Véloce marchait d'abord à quatre pattes comme les enfants; que sa structure affectait celle des quadrupèdes; que les roues étaient égales en diamètre; que le poids du cavalier se trouvait suspendu au-dessus du corps, qui, lui-même, était suspendu sur des supports trépidents; que le frein était informe; que les manettes étaient légères et considérées comme des ailettes contournées infructueusement; que les pédales à glands oscillants n'avaient ni forme ni proportion; que les essieux tournaient dans des tourrillons grossiers sans graissage effectif.

Mais, plus tard, soumis à l'observation attentive et intelligente de quelques praticiens habiles, le véloce a avancé en âge et a progressé sensiblement. Il s'est dressé pour prendre la structure des bipèdes; la roue de devant s'est agrandie pour compenser les inclinaisons des routes et pour enseller plus convenablement le cavalier; le poids s'est reporté plus directement sur les essieux; le frein est venu s'enrouler sur l'axe des manettes pour être serré facilement par l'action des mains non déplacées ; les manettes ont acquis de la rigidité pour offrir un gouvernail solide, et les essieux se sont casés dans des coussinets ajustés avec soin.

Cette année, le Véloce se fortifiant entre les mains de bons constructeurs, souvent sous nos auspices, a pu joindre la grâce des contours à la précision des articulations ; le choix des matières à la solidité de toutes les pièces ; les bonnes proportions aux conditions d'une marche facile et rapide ; la force de la structure à la stabilité ; la hauteur de la monture à l'économie des forces et à la douceur des mouvements.

Ensuite sont venus les coussinets à graisseurs, à mèche, conservant l'huile pendant plusieurs jours ; les ressorts doux et solides, portant selles à rebords retroussés ; les pédales triangulaires et rotatives à faces concaves, les paracrottes des roues, dont celui de devant servait à protéger la cuisse du cavalier contre le frottement de la grande roue, dans les conversions, et les marchepieds servant de repos et d'étriers.

Dire que tous ces avantages ne sont pas encore

connus à Paris et que les plus beaux Véloces des grands fabricants sont faits avec élégance, mais sans la moindre de ces améliorations, qui sont pour nous élémentaires, c'est faire le procès de ces négociants qui ne voient que leur intérêt dans une question des plus importantes pour le public, et c'est reconnaître le courage, la bonne volonté et l'habileté des Vélocemen qui nous étonnent par leurs marches brillantes sur des montures incomplètes.

Enfin le Véloce vient d'atteindre son âge viril. Il n'a plus besoin d'être soutenu par son cavalier, quand il est au repos. Il se tient debout tout seul et il se place en stature droite stable pour permettre à son cavalier de monter, s'arrêter et de descendre. Ce progrès est la conséquence de nos jambes-étrières, que la nécessité nous a fait trouver, qui sont tels que dorénavant le Véloce ne pourra pas être considéré comme complet, s'il n'est pas muni de cet appendice.

Dès lors le Véloce est entré dans sa phase d'utilité. On peut avec lui porter un bagage assez considérable. On peut prendre avec soi une personne en croupe. On peut se promener au milieu des voitures et en suivre tous les mouvements avec une précision infinie, sans mettre pied à terre. On peut franchir des distances très grandes plus rapidement qu'avec le meilleur cheval. On peut se promener avec une lenteur ravissante. On peut exécuter des tours de force vraiment prodigieux, plus surprenants que ceux des cavaliers des manéges et cirques. Enfin, quand le Véloce aura conquis sa liberté dans nos cités et quand il sera parvenu à avoir ses Véloces-voies en ciment ou bitume, il défiera toutes les montures et tous les véhicules pour l'agrément, la vitesse et la durée des voyages.

Maintenant nous allons nous livrer à l'étude théorique et pratique de cette monture ingénieuse, forte, alerte et stable, dont nous connaissons les principales phases de développement et d'amélioration.

II. SYSTÈME.

Le Vélocipède, ou Véloce-bicycle, ou simplement Véloce, est une monture de transport, de structure bipède automatique, à stature droite, à pieds rotatifs, mue et dirigée par le Véloceman qui est son cavalier. On peut représenter l'ensemble du système, sauf les proportions, pour en faire comprendre les combinaisons ingénieuses, sous la forme d'un Mercure, ou d'un génie hissé sur deux roues, avec un pied sur chaque axe, une jambe devant l'autre, dans une attitude de course à vitesse, le caducée ou bâton étant pendant sur le côté, les deux bras soulevés comme des ailes et la tête projetée en avant pour fendre l'air et reconnaître la route.

Le Véloceman monté en croupe doit s'identifier, mains pour mains, corps pour corps, pieds pour pieds, avec sa monture, pour profiter de ses combinaisons de bonne marche, en belles routes, et lui imprimer le mouvement et la direction.

Autrement, le Véloce est un instrument de voyage à deux roues, placées l'une à la suite de l'autre, à l'aide de chapes reliées et articulées, la première dirigeant, la seconde suivant. Monté par un cavalier ou véloceman qui, assis sur la chape de la roue postérieure, imprime le mouvement en faisant tourner avec ses pieds les pédales fixées aux bouts de l'essieu de la roue antérieure, et qui se tient en équilibre et dirige principalement à l'aide d'un balancier, ou gouvernail, placé en travers au-dessus de cette première roue.

Pour se rendre compte des détails de cette monture remarquable, comme système, en dehors de toutes considérations historiques, il est nécessaire de se reporter à son avénement et de suivre ses premiers pas jusqu'à son installation.

Quand une roue droite est lancée sur le champ, elle se tient en équilibre pendant qu'elle a de la force acquise. Lorsqu'elle n'a plus la force qui la sollicitait dans un sens, elle se laisse tomber, à droite ou à gauche, sur l'une de ses tranches. Si un homme saute sur cette roue pendant qu'elle est en marche, il aura autant de peine à s'y maintenir que s'il tentait cette expérience sur une roue droite au repos. En supposant que la roue soit munie d'une chape portant contre-poids en avant et selle en arrière, le cavalier en marche comme au repos, serait dans les conditions d'un homme posé en bascule sur un pivot. Cela ne peut constituer qu'un tour de force qu'on sera toujours pressé de voir finir.

Si deux roues placées de champ, l'une devant l'autre, reliées par des chapes articulées, sont lancées dans la même direction, elle marcheront ensemble tant qu'elle pourront conserver la force acquise, pour ne tomber que lorsque l'impulsion reçue diminuera sensiblement. Pendant que ces roues sont en marche rapide, si un homme saute à cheval sur elles, il pourra se maintenir en équilibre sur leurs chapes de liaisons par de légères inclinaisons du corps à droite ou à gauche, tant que la vitesse acquise sera suffisamment grande. Si ce cavalier peut frapper en même temps avec la pointe de ses pieds les rayons de la roue de devant à leur passage pour la forcer à marcher encore, quand elle est portée à s'arrêter, la monture continuera sa marche; s'il frappe plus fort à droite qu'à gauche, la monture se dirigera plutôt à gauche qu'à droite. Tel est le Véloce rudimentaire.

Notre Véloceman assis sur cette nouvelle monture, aussi barbare que primitive, reconnaît bien vite que s'il avait deux pédales vissées aux bouts de l'essieu de la roue de devant; il lui serait beaucoup plus facile de presser dessus régulièrement avec ses pieds, que de frapper les rayons à leur passage, ce qui produirait le même effet pour solliciter la roue à continuer sa marche. Il reconnaît aussi que s'il avait un balancier ou gouvernail en main qui lui permît de porter subitement le poids de son corps à droite ou à gauche avec l'action de ses mains, sans se déplacer, il se maintiendrait très aisément en équilibre. Enfin il s'aperçoit que lorsque ses pieds sont trop occupés à mener vivement la roue, il pourrait bien, en liant son balancier à la chape de cette roue, s'en servir non-seulement pour l'équilibre en pesant de droite à gauche, mais encore pour obliquer verticalement cette roue de droite à gauche, afin de faire marcher dans un sens ou dans l'autre. Telles sont en définitive toutes les principales dispositions du Véloce que nous montons journellement.

Subsidiairement, lorsque ce cavalier est monté

trop haut pour pouvoir s'arrêter en tendant ses pieds vers le sol, et pour pouvoir défourcher facilement, il se hâte d'enrayer sa roue de derrière et de prendre un bâton pour se porter sur le sol par un troisième point d'appui, les deux roues étant les deux autres, comme en agissent les échassiers des Landes. Si ce frein peut être enroulé sur le gouvernail pour être à la disposition des mains, et si ce caducée peut porter un étrier pour être à la disposition du pied, nous aurons immédiatement le système complet du Véloce, tel qu'il est livré aux amateurs dans nos dépôts de jambes-étrières.

Les conditions de marche, d'équilibre et de direction de ces montures peuvent donc être constatées dorénavant avec une grande précision. Ce sera la clef de tous les développements que nous pourrons fournir dans les autres parties de notre ouvrage.

La marche du Véloce s'obtient donc par l'action alternative des pieds sur les pédales adaptées à l'essieu de la roue antérieure.

L'équilibre se conserve par le poids du corps maintenu dans le plan de gravité par un balancement instantané et imperceptible de droite à gauche, de gauche à droite, ou par l'action des pieds sur les pédales, qui fait pencher le Véloce du côté le plus chargé, ou par le balancier qui, incliné plus à droite qu'à gauche, entraîne tout le Véloce avec lui, ou enfin avec la grande roue en tournant du côté où le Véloceman est disposé à tomber pour que le Véloce la trouve en obstacle, ou contrefort de ce côté.

La direction s'obtient en tournant, à l'aide du gouvernail, la première roue du côté où l'on veut aller. Cette roue étant tournée dans une direction, si le Véloce marche, cette roue ira immédiatement devant elle et tout le système, qui lui est attaché, dans la même direction.

Il ne suffit pas qu'une monture soit organisée suivant un système ingénieux, il faut encore qu'elle présente des avantages sur celles qui sont mises en usage lorsqu'elle se produit. Le Véloce est venu dans son beau moment, nous en donnerons la raison à la fin de notre manuel. Les avantages qu'il présente déjà sont considérables. Les développements auxquels nous nous livrerons les démontreront d'une manière irrécusable.

L'homme, comme beaucoup d'animaux, jeté le plus souvent sur un sol semé d'aspérités, devait recevoir des pieds articulés progressifs et non rotatifs, afin qu'il pût choisir la place pour les poser et franchir aisément les obstacles. En somme, il est constitué dans les meilleures conditions possibles, d'autant plus qu'il peut, par son intelligence, pourvoir aux améliorations qui naissent des conditions particulières des milieux dans lesquels il peut être placé accidentellement.

Au lieu des terrains les plus ordinaires, si l'homme est placé dans des landes, il est condamné à se hisser sur deux échasses et à se munir d'un grand bâton ou caducée. S'il est jeté dans l'eau, il est obligé de se poser à plat ventre et de mener ses membres comme des rames, à moins qu'il trouve un tronc d'arbre pour l'enfourcher, le maintenir en équilibre et le diriger dans sa course. Quand il est lancé dans les airs, il peut tout au plus prévenir les effets d'une chute terrible par des parachutes, jusqu'à ce qu'il ait trouvé le moyen de se diriger sur des aérostats, avec des ailes mécaniques.

Si cet homme se trouve en voyage sur les neiges, il prend des souliers à raquettes. Si le sol est glacé, il glisse à l'aide de patins, et s'il est sur de bonnes routes unies, il se fait traîner par des animaux ou par des machines à vapeur. Pourquoi, sur ces belles routes bien cimentées ou bitumées, ne se traînerait-il pas lui même, ne se glisserait-il pas en se plaçant sur des véhicules ou des montures à pieds rotatifs ?

Les Véloces doivent tous leurs avantages à leurs roues ou pieds rotatifs, qui sont les seuls appropriés aux grandes routes macadamisées et aux Véloces-voies réclamées pour ces montures.

En effet, les pieds rotatifs ont un grand avantage sur les pieds sautatifs pour marcher sur les terrains unis. Tandis qu'avec ceux-ci nous portons péniblement le poids de notre corps additionné de notre bagage, de notre armement, dans ceux-là nous les roulons facilement. Dans le premier cas la marche exige un effort écrasant ; dans le second cas elle est plus agréable que le repos.

Lorsqu'il y a des pentes à gravir, si les routes sont fermes et bien entretenues, l'avantage est encore pour les pieds rotatifs.

Si les Véloces-voies étaient faites dans les conditions des pentes des chemins de fer, la différence serait si grande en faveur du Véloce sur tous les autres systèmes de transport, qu'il n'est pas douteux que les voyages et les transports ne se feraient plus autrement.

La démonstration pour les incrédules exigerait des développements trop considérables. Nous nous réservons de la fournir dans les discussions qui seront sans doute ouvertes prochainement, puisque la question du Véloce est mise à l'ordre du jour.

Pour le moment il nous suffit de savoir que, sur nos routes ordinaires, nous pouvons marcher à Véloce deux fois plus vite qu'à pied, pendant autant de temps, en nous fatiguant la moitié moins. Cela équivaut à tripler nos forces de locomotion progressive à pied.

Notre monture comparée au cheval est encore très avantageuse. Un Véloceman est deux fois plus fort et plus à l'aise qu'un cavalier en longue route continue. On peut dire que cela vaut, pour le parcours seulement, le double de nos forces de locomotion à cheval.

Dans les montées des routes, le Véloce n'est pas un embarras pour le Véloceman. C'est pour lui une canne roulante dont il ne se débarrasse pas facilement quand il en a pris l'habitude

Tel est l'exposé succinct et simple du système du Vélocipède dont nous allons faire connaître les détails essentiels, avant d'apprendre à le monter et à le mener avec art.

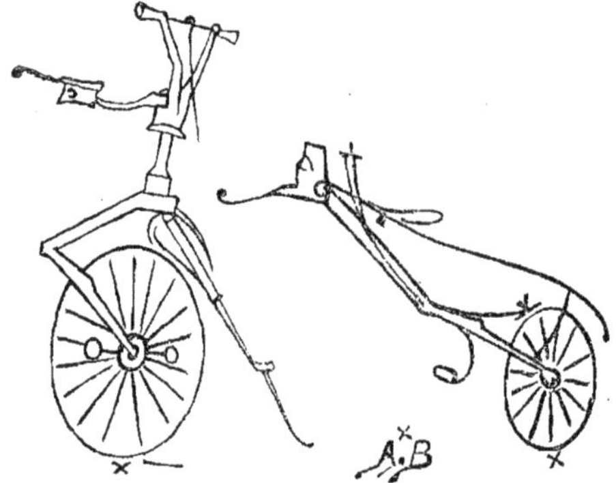

III. — NOMENCLATURE.

Nous ne pouvons entrer dans la description des moindres détails des Véloces et nous ne saurions fournir une nomenclature minutieuse, en donnant des noms techniques à toutes les parties séparément, par cela seul qu'une analyse trop longue nous embarrasserait, sans nous instruire. Le système général étant déjà connu, il nous importe seulement de revoir de plus près notre monture pour en reconnaître les organes essentiels et accessoires et leur appliquer les noms que nous avons recueillis dans la pratique, les noms qui peuvent s'approprier à notre système.

Le Véloce-bicycle se compose d'organes divers très complexes, qui se réunissent en deux groupes, un autour de chaque roue.

Le premier groupe, celui de devant, comprend le pivot, les manettes, la fourche antérieure, la grande roue et les pédales.

Le second groupe, celui de derrière, se compose

de la douille, de la fourche postérieure, de la petite roue et du ressort porte-selle.

C'est le premier groupe qui constitue le Véloce, puisque c'est la grande roue qui le soutient, les pédales qui le conduisent, les manettes qui le dirigent et le pivot qui le traîne, le second n'étant qu'un support. En effet la petite roue, avec tout son groupe spécial, ne fait que suivre fatalement, en fournissant au Véloce un second soutien ou point d'appui. Les courbes tracées sur le sol par cette roue sont des trajectoires.

Aux organes essentiels de ces groupes se joignent des parties accessoires non moins nécessaires, sinon indispensables.

Dans le premier groupe, le pivot est muni du porte-lanterne-manteau; l'axe des manettes enroule la courroie du frein à bascule; la chape de la grande roue, suivie du paracrotte, soutient sur son fourchon gauche la jambétrière; les tourillons des pédales sont armés de bobines triangulaires dites plus spécialement pédales.

Pour le second groupe, la douille sert d'attache au ressort-selle qui va se terminer sur ses hausses; la chape de la petite roue reçoit dans son corps les tourillons des leviers du frein à bascule, et les fourchons portent les hausses du grand ressort ainsi que le marchepied.

Toutes ces pièces constituantes et accessoires, vues de près par un œil exercé, à part les proportions qui dépendent du poids général et qui sont plus particulièrement du domaine des constructeurs, donnent lieu à des observations spéciales, dont les amateurs et les fabricants doivent avoir connaissance, les uns pour fixer leur choix, les autres pour établir des montures convenables.

Nous n'avons pas à nous préoccuper des Véloces en bois, ni de ceux de formes exceptionnelles qui pourraient survenir. Nous nous bornons à notre type, à celui qu'on peut trouver dans les dépôts de nos jambes-étrières. Cependant nous devons dire que nous apprécions fort un autre type de Paris, le plus généralement recherché à cause de sa confection irréprochable et de ses formes élégantes; mais nous ne pouvons le donner pour notre modèle, parce qu'il est moins complet et que ses résultats de solidité, de durée et de marche ne sont pas équivalents à ceux de celui que nous lui préférons par goût particulier, peut-être parce que nous avons assisté à ses développements et à ses premiers labeurs.

Dans les Véloces que nous montons, les roues sont en bois ; les autres parties sont toutes en acier ou fer forgé, excepté quelques détails qui sont en bronze, bois ou cuir.

Maintenant, si nous examinons chaque organe en particulier, nous reconnaissons les conditions essentielles que nous signalons avec l'intention de ne pas trop abuser de la patience du lecteur.

Le pivot, ou dorsal de la monture, en fer fin forgé et tourné coniquement, est très haut et très gros. Tous les efforts se résumant dans cet organe, il doit avoir des épaulements, afin que les effets de ses chocs soient décomposés. Il porte les manettes et reçoit la fourche de la grande roue d'une manière rigide, pour que chaque mouvement se répercute dans toutes ses parties.

Les bras des manettes, en fer fin, sont ajustés à part pour faciliter l'introduction de la douille sur le pivot ; ils sont fixés d'une manière rigide au col du pivot par un enclavement pyramidal quadrangulaire, qui est retenu par un puissant boulon avec écrou solide. Les mains en bois sont enfilées aux bouts de l'axe, qui est posé horizontalement dans les extrémités des bras. Les écrous qui retiennent les manettes sur l'axe sont entaillés dans les bouts pour ne pas blesser les mains du Véloceman. L'axe qui relie les manettes aux bouts des bras sert de balancier pour l'équilibre. En même temps il offre un cylindre de rotation pour l'enroulement de la courroie du frein à bascule, qui paralyse la marche de la petite roue. Un grand balancier, jusqu'à 70 centimètres, facilite les manœuvres du Véloce.

Le porte-lanterne ou porte-manteau est placé sur le haut du pivot, au-dessus des épaules des bras des manettes, sous le grand écrou final. C'est le col et la tête de la monture. Il doit être long et recourbé en bas pour faciliter l'enroulement du bagage dans des courroies spéciales fixées aux manettes. La tête peut être ajourée pour l'introduction du cornet de la lanterne.

La fourche de devant, qui est la jambe antérieure, forgée en fer fin sous le pivot, se divise en deux fourchons, dont les talons contiennent les coussinets à réservoirs d'huile, avec mèches relevées et rabattues sur l'essieu. Ces coussinets sont en bronze ou acier fondu, en deux pièces enchapées et clavetées. Les trous de l'essieu dans les coussinets doivent être alésés avec régularité et précision, pour faciliter la rotation de la roue.

Le paracrotte, destiné principalement à protéger les cuisses du Véloceman contre la rotation de la grande roue, dans les conversions, peut être en peau fixé à la culotte du cavalier, ou en tôle fixé au-dessus de la roue, circoncentriquement, contre la chape. Dans ce dernier cas, il est important de signaler le dernier perfectionnement, qui consiste à restreindre le passage en bas pour prévenir les arrêts de graviers dans un point de son développement, qui causeraient des accidents graves par le fait de l'arrêt instantané de la grande roue.

Dans son ensemble, cette fourche peut être inclinée de 15 p. °/o en arrière.

La grande roue, ou pied rotatif antérieur, se compose du moyeu en bois de frêne, cerclé fortement, des rayons en bois d'acacia entrecroisés, et de la jante en bois de frêne, renforcée en bas et cerclée en haut en bon fer vissé ou boulonné. Le moyeu doit être étroit pour ne pas faire écarter les jambes du cavalier et le porter à jeter ses pieds en dehors en perdant une portion de son action musculaire. L'essieu est fixé rigidement au travers du moyeu. Les bouts de cet essieu sont taraudés pour recevoir les pédales. Cet assemblage exige de grandes précautions; on peut les réunir par des clavetages ou des goupillages. Les tiges des pédales, assemblées par leurs gros bouts sur l'essieu, se terminent vers leurs petits bouts en coulisses fortes pour recevoir les tourillons des bobines-pédales. Les tourillons sont fixés dans ces coulisses à des distances égales plus ou moins rapprochées du centre, pour varier la circonférence à parcourir avec les pieds. Les pédales en bois, à bords de cuivre, à chambres d'huile, ont la forme prismatique concave triangulaire. La mobilité de ces pédales sur leurs tourrillons est très importante pour diminuer des frottements retardateurs.

La jambétrière, organe supplémentaire destiné à soutenir le Véloce en équilibre stable pour le départ, l'arrêt et le stationnement, se compose d'une jambe avec cuisse, genou-étrier et pied d'appui, d'un secteur directeur-raidisseur et d'un ressort élévateur. Le tout est en fer fin forgé, excepté le ressort qui est en acier trempé dur. Elle est fixée contre le fourchon gauche de la grande roue, en arrière, parallèlement aux rayons, la charnière correspondant au-dessous de la jante et le bout du pied à 3 centimètres au-dessous du cercle de la roue sur le sol. Cette longueur en plus est pour tenir compte des inégalités du terrain. D'ailleurs, en prenant la jambétrière en longueur sur le diamètre de la grande roue, cette position favorable se rencontre facilement à la pose.

La douille, ou corps de la monture, est emboîtée autour du pivot, sur ses épaulements, sous les bras des manettes, qui la retiennent dans cet emboîtement conique. Tout le premier groupe tourne dans cette douille, qui porte tout le second groupe. Pivot et douille sont donc le lien commun de tout le système. Cette douille est en fer forgé, elle est alésée avec beaucoup de soin sur la forme du pivot.

La fourche de la petite roue, ou jambe postérieure, est forgée au bas de la douille. Comme la jambe antérieure, elle se divise en deux fourchons qui reçoivent dans leurs talons l'essieu de la petite roue. Dans ces bouts de fourchons on peut placer des coussinets à réservoirs. Le plus ordinairement l'essieu est fixé sur les fourchons, tandis que la roue tourne autour de l'essieu. Dans ce dernier cas, le moyeu contient une chambre à huile et l'essieu est percé dans son axe pour permettre l'alimentation de la chambre par un petit trou de communication entre ce conduit de l'axe et la chambre située autour de l'essieu.

La petite roue, ou pied rotatif postérieur, est composée comme la grande roue décrite précédemment. Ordinairement dans la grande roue l'axe est mobile, puisqu'il est mu par les pédales qui entraînent toute la roue, tandis que dans la petite roue l'axe est fixe, la roue tournant autour de lui. Cette roue doit avoir 10 centimètres de moins que la grande. Dans les grands Véloces la différence peut être de 25 centimètres et plus.

Le ressort à selle, qui est la grande queue de la monture, en acier trempé radouci, est fixé, en haut, au bas de la douille, avec boulons et, en bas, sur des hausses-ressorts en acier reposant sur les fourchons près de l'essieu. Il se termine en queue, sur l'arrière de la petite roue, pour lui servir de garde-crotte. Ce ressort peut être plus ou moins flexible. Un ressort dur offre plus de solidité et permet d'utiliser plus de force pour la marche.

La selle est fixée sur le ressort par une agrafe

boulonnée sur les côtés, avec écrous à oreilles. Elle doit être mobile à volonté le long du ressort. Elle est construite en tôle à bords recourbés, avec rembourrage de bourre ou crins serrés, recouverte dessous en forte toile et dessus en peau de truie.

Le marchepied, qui est destiné à donner appui au pied droit pour défourcher rapidement de la jambe gauche et descendre du Véloce en grande vitesse, est fixé sur le fourchon droit de la petite roue. Il est construit en bon fer dur forgé et ajusté solidement et boulonné contre le fourchon.

Le frein à bascule broche sur le tout, du haut des manettes au fer de la petite roue, en basculant sur ses tourillons. C'est un levier qui, par un de ses bras, appuie fortement sur le fer de la petite roue et qui, par l'autre de ses bras, permet au Véloceman de le serrer et le tenir rigide par l'action de ses mains autour de l'axe des manettes. Cette combinaison, qui est très simple, est indiquée par les dessins. Il importe que la rotation de l'axe des manettes ne soit pas trop douce pour éviter des efforts continus de mains dans les descentes des routes, quand on éprouve le besoin de tenir le frein constamment serré.

Tels sont tous les organes essentiels et accessoires de la monture mise actuellement à notre disposition, qu'il nous tarde de monter.

IV. PRATIQUE.

Avant de pratiquer le Véloce en qualité de Véloceman et même d'adepte, nous avons à faire notre noviciat. L'art du Véloceman sera exposé dans un article spécial. Nous allons donc apprendre à monter à Véloce pour pouvoir nous tenir en équilibre sur notre monture, lui donner la direction et lui imprimer le mouvement, en nous préservant des effets fâcheux des chutes, ou mises de pied à terre.

Pour l'apprentissage des novices il y a deux méthodes : l'ancienne et la nouvelle. Nous ne parlerons pas de tous les moyens particuliers qu'emploient instinctivement les nouveaux venus, quoiqu'ils soient le plus souvent couronnés de succès, parce que c'est en définitive la chose la plus facile du monde.

L'ancienne méthode divise l'apprentissage en

deux exercices distincts, qu'on peut appeler : l'équilibre et la marche. La direction est implicitement contenue dans l'équilibre.

Dans les deux exercices le point important, la condition principale est de choisir un petit Véloce et de se risquer sur une bonne voie légèrement en pente.

Le novice doit donc d'abord enfourcher un petit Véloce sur lequel il puisse toucher le sol avec ses pieds, de manière à pouvoir se tenir droit sans crainte d'être renversé par sa monture, puis laisser rouler son Véloce qui l'emporte sur la pente, en relevant les pieds pour ne maintenir l'équilibre qu'à l'aide du balancier, sauf à replacer accidentellement ou définitivement les pieds sur la voie, si l'équilibre cherché n'a pu être obtenu.

Ordinairement la pente est choisie douce et courte pour que le Véloce en s'emballant ne conduise pas le novice plus loin qu'il ne le voudrait, quoiqu'il puisse, avec le frein, y mettre un terme à volonté. Arrivé au bas, le novice défourche et marche à côté du Véloce, en le conduisant par les manettes, pour reprendre le haut du sol et se lancer de nouveau comme précédemment. Il recommence ainsi jusqu'à ce qu'il ait enfin saisi le mouvement du balancier, qui relève le Véloce quand il incline et celui qui le dirige quand il sort de la voie. Cet exercice peut durer plus ou moins, suivant les aptitudes des apprentis.

Dès qu'on a obtenu le moindre résultat le grand pas est fait. On doit aussitôt se placer sur une forte pente, en bon terrain et se laisser rouler vivement, en s'assurant d'un équilibre parfait et solide, en ralentissant à volonté, à l'aide du frein et en dirigeant, sans hésiter, alternativement de droite à gauche, soit pour s'assurer de l'équilibre, soit pour se maintenir sur la voie. Cet exercice est des plus avantageux pour développer les forces des bras et du torse. Les frémissements qu'il donne dans les membres disparaîtront par l'usage et surtout lorsqu'il ne sera plus nécessaire de serrer les mains pour laisser rouler le Véloce et faire osciller le balancier horizontalement ou verticalement, c'est-à-dire pour diriger et se tenir en équilibre.

Pour ce premier exercice il n'y a pas de conseil à donner. On n'a même pas besoin du maître, quoiqu'il ne soit jamais de trop. Seulement il est bon de se prémunir contre le dégoût qui doit s'emparer de nous dès le premier essai. Le Véloce alors nous apparaît comme un animal indocile et indiscipliné, au point que nous n'admettons plus la possibilité de pouvoir le monter. Si nous n'avions jamais vu de Véloceman sur cette ingénieuse monture, nous crierions facilement à l'impossible! Mais ne jurons pas si vite; tout à l'heure, quand nous nous sentirons solides sur cet animal mécanique, pendant qu'il descendra la côte avec une vitesse vertigineuse, nous n'admettrons plus la possibilité de tomber autrement que par le fait de notre volonté ou d'un obstacle imprévu. Dès lors nous sommes dignes de devenir Véloceman.

Cependant nous pouvons hâter l'apprentissage, éviter des faux pas, prévenir les effets fâcheux des mises de pied à terre, en engageant les apprentis à bien se pénétrer de ce que nous allons essayer de leur enseigner.

L'équilibre à Véloce s'obtient principalement par le poids du corps et, plus spécialement, par l'effet des mains sur le balancier; mais comme la roue de devant est très mobile horizontalement et qu'en se déplaçant elle nous fait assez souvent chuter, il est important de savoir, par la rotation horizontale du balancier, la ramener sur la ligne de marche. Pour cela, au lieu du bon mouvement naturellement nous faisons toujours le mouvement contraire. Ainsi, quand le Véloce s'incline à droite et menace de nous renverser à droite, immédiatement nous tournons la grande roue à gauche et n'en tombons que plus facilement à droite. Nous devons donc nous appliquer à tourner la grande roue à droite, quand nous tombons à droite et à gauche, instantanément, si nous nous renversons à gauche. Le poids de la main, doublée de l'action musculaire de tout le corps appliqué sur le balancier, est la forte ressource; mais il n'est pas possible d'en user dans les débuts. Dès que nous serons parvenus à rectifier le mouvement naturel, pour exécuter le mouvement logique que nous enseignons, l'instinct ne se laissera plus tromper; nous exécuterons alors, involontairement, à coup sûr, le véritable mouvement que nous tiendra infailliblement en équilibre. C'est là le grand pas à faire dont nous avons déjà parlé.

Avec de la persévérance, en un instant, nous serons donc très avancés; nous posséderons l'équilibre et conséquemment la direction. Il ne nous restera plus que la marche, qui n'est pas si difficile à Véloce qu'à pied, bien entendu sur un terrain uni, ferme et peu incliné. C'est ce que nous allons tâcher de saisir dans notre deuxième exercice.

Lorsque dans le premier exercice nous arrivions au bas de la pente, pendant que le Véloce avait de la force acquise, le moment était bien choisi pour mettre les pieds sur les pédales, d'abord le pied droit, puis le pied gauche, enfin les deux ensemble, pour les forcer à suivre les pédales et aussi à les pousser quand la force acquise sera épuisée et aura besoin d'être remplacée par celle du cavalier. Si nous n'en avons pas usé, nous ferons en sorte de nous replacer sur notre pente et de forcer nos pieds à s'appliquer sur les pédales pour les suivre et les pousser à volonté jusqu'à ce que nous soyons parvenus à agir aisément et librement sur ces pédales, non-seulement pour faire marcher le Véloce avec la vitesse voulue, mais encore pour le retenir en descente et maintenir l'équilibre au défaut des mains.

On peut encore, pour apprendre à mener les pédales avec les pieds, quand on connaît l'équilibre, placer de suite les pieds sur les pédales, dès le départ sur un sol horizontal ou incliné. Dans ce cas la jambétrière peut être d'un grand secours, parce qu'elle permet de monter et de s'asseoir convenablement, pour donner avec sûreté et précision le premier coup de pied sur la pédale bien disposée.

Ce deuxième exercice, quoique beaucoup moins difficile que le premier, demande souvent plus de temps. Cela provient du vice radical de cette méthode qui exige un petit Véloce, dont les proportions peu en harmonie avec celles du corps de l'apprenti, demandent de sa part des efforts inutiles et des mouvements impossibles. Ainsi, les enfants qui ne pouvaient pas trouver de petits Véloces, réussissaient du premier coup, dès qu'on les hissait sur les grands Véloces et qu'on leur permettait de leur faire effectuer leurs premiers pas, avec la confiance qui est l'apanage de la jeunesse.

Notre méthode pourrait être regardée comme instantanée, parce que souvent le Vélocipédiste qui l'emploie marche instantanément à Véloce, sans même l'assistance du maître pour le départ. Cependant nous devons nous empresser de conseiller un guide, un ami, à côté de nous pour prévenir les effets fâcheux des défaillances ou des faux mouvements.

D'après cette nouvelle méthode il faut avoir un

grand Véloce, bien proportionné à sa taille, de préférence muni d'une jambétrière, et se placer le plus possible sur une piste ferme, unie et horizontale, sous la main d'un maître ou d'un ami.

Avant de mettre les pieds sur les pédales, de partir et de marcher, ce qui serait plutôt fait que dit, il importe surtout de modérer notre ardeur et d'apprendre avec beaucoup de soin à monter, descendre et chuter.

Pour monter il est nécessaire de serrer le frein, de tenir le Véloce droit, d'incliner la grande roue un peu à droite, d'abattre la jambétrière avec le pied gauche à terre et d'enfourcher prudemment de la jambe droite comme pour le cheval.

Arrivé sur la selle, il importe de desserrer le frein, de se balancer légèrement avec le pied droit sur la pédale ou le marchepied et le pied gauche sur l'étrier, sans oublier de conserver le poids du corps à gauche, du côté de la jambétrière, puis de resserrer le frein et de descendre comme de cheval. Quoique ce premier exercice ne soit pas indispensable, il est important de s'y appliquer pour devenir habile en peu de temps.

Quelquefois, dans cet exercice, en arrivant sur

la selle ou en desserrant le frein, si on oublie de porter le corps à gauche, si on perd l'étrier avec le pied gauche et si on ne fait pas avec le pied droit sur la pédale un contre-poids convenable, le Véloce renverse son novice. Il est donc indispensable de savoir tout de suite se comporter convenablement dans cette chute, comme dans toutes les autres, d'autant que nous sommes sur un grand Véloce, avec lequel nos jambes ne sont pas assez longues et ne peuvent par conséquent nous retenir.

Puisque dès le début nous enfourchons un grand Véloce, nous ne devons plus avoir peur et nous ne devons jamais aller chercher le sol avec les jambes, parce que c'est peine perdue et que cela complique notre chute et la rend le plus souvent fâcheuse. Nous n'avons qu'une chose à faire instantanément et instinctivement : dès que nous avons reconnu que nous ne pouvons plus garder l'équilibre, c'est d'écarter les jambes et d'attendre que le sol monte à nos pieds, par le fait de l'abaissement du Véloce, en faisant face au Véloce, de manière à lui faire arc-boutant, et déjamber rapidement lorsque nous avons trouvé un point d'appui. Il importe donc d'apprendre à chuter, ou mettre pied à terre, de parti pris, en place, pour n'en plus avoir peur quand, en marche, cela nous arriverait volontairement ou forcément.

Maintenant que nous savons monter, descendre et chuter en sûreté, nous devons monter pour partir et marcher. Alors nous plaçons le pied droit sur sa pédale, nous poussons cette pédale, nous enlevons le pied gauche de l'étrier pour le poser sur sa pédale, la jambétrière se relève d'elle-même et nous sommes partis. Le mouvement imprimé par le premier coup donné sur la pédale de droite, qui fait tourner la grande roue et entraîne tout le Véloce, si nous parvenons à l'entretenir par la rotation des pédales à l'aide de l'action alternative de nos pieds, et si nous maintenons l'équilibre par les oscillations du balancier, nous sommes en marche pour ne plus nous arrêter. En un instant nous avons franchi toutes les difficultés et nous pouvons nous promener à Véloce en adepte, en attendant que nous puissions courir en Véloceman.

Mais, si nous n'avons pas encore le courage de nous lancer seuls et de nous exposer à toutes les conséquences des chutes forcées, il est alors convenable de se faire accompagner par le maître, qui aura à tenir le Véloce par les manettes et à donner la direction, puis seulement par le pivot ou le bras du cavalier en lui abandonnant la direction et la marche. Enfin, quand ce maître s'apercevra que son apprenti se maintiendra en équilibre par de bons mouvements du balancier, donnera la direction et agira avec précision sur les pédales, il pourra l'abandonner, sauf à le suivre pour le retenir, jusqu'à ce qu'il juge que sa présence soit inutile : on évitera surtout de pousser le novice par derrière. Tout effet supplémentaire doit être imprimé à la roue de devant et non à la roue de derrière, dont les mouvements propres sont nuisibles à l'équilibre et à la direction.

Le plus souvent, dans cet exercice, le maître conduit le novice pendant quelques minutes seulement. Cependant avec les personnes craintives, cet exercice peut durer deux heures. Mais généralement tous les apprentis qui veulent réellement apprendre, dès le premier jour parviennent à monter, descendre, chuter et marcher convenablement, avec une bonne direction et de l'équilibre, sur un terrain ferme. Le reste s'apprend tout seul.

Nous n'avons plus qu'à soumettre des observations

et à rédiger en règle notre manière d'opérer dans les diverses situations qui peuvent se présenter.

Que ce soit par l'ancienne ou par la nouvelle méthode, nous avons atteint le premier but, nous savons marcher à Véloce et même chuter. Nous devons maintenant continuer notre noviciat par des courses lentes et vives en montées et en descentes; nous devons nous exercer à marcher avec un pied, en tenant le balancier avec une seule main; nous devons nous appliquer à changer d'allure, à tracer des cercles à courts rayons et à contourner les arbres des promenades pour changer de main avec précision; nous devons nous habituer à descendre subitement en face d'obstacles par le marchepied, et lentement à volonté par la jambétrière. Nous stationnerons enfin sur notre Véloce en nous arrêtant sur la jambe et nous ferons stationner la monture seule, en la hanchant à droite ou à gauche sur cette jambétrière.

Nous reportons les règles pratiques que nous avons cru devoir rédiger, dans l'article spécial, de l'art du Véloceman, qui est à la suite de celui de la pratique. Elles seront comme le résumé de tout ce que doit savoir un Véloceman habile.

V. ART.

L'art de vélocer comporte l'habileté, l'élégance et la grâce. L'habileté, que tout le monde peut acquérir, consiste dans la pratique juste et précise de toutes les règles édictées et observées par les maîtres, dont les bases sont naturelles et logiques. L'élégance résulte de l'organisme, du port et de la parure. La grâce, qui est un don, se développe et se fortifie par l'étude des manières, des modes et des allures.

Pour acquérir l'habileté nécessaire, nous repasserons nos exercices pratiques, en les terminant par la rédaction des règles qui nous faciliteront la révision de nos études. Après, nous partirons en Véloceman, en chevalier moderne, en maître de Vélocerie, avec la monture de notre choix et la parure préférée, et nous nous appliqurons à rendre nos manières agréables, à choisir le mode de marche le plus approprié au milieu et à varier nos allures en vue de l'agrément et du ménagement de nos forces.

RÈGLES GÉNÉRALES.

Les règles ou préceptes que nous donnons, comme complément de la pratique, peuvent être exprimées succinctement, ainsi qu'il suit :

Avant de partir : s'habiller en raison du temps, prendre un bagage léger et s'assurer du bon état du Véloce.

Pour monter : tenir le Véloce droit, serrer le frein, abattre le pied de l'étrier à terre et enfourcher comme pour monter à cheval.

Pour partir : placer le pied droit sur sa pédale préparée, presser cette pédale avec une vigueur contenue jusqu'à ce que le Véloce se mette en marche, enlever le pied gauche de l'étrier pour le placer sur sa pédale, sans s'inquiéter de la jambétrière, qui se relèvera seule à l'aide de son ressort.

Pour marcher : frapper alternativement des pieds les pédales, surtout dans les points vifs, qui sont en haut, en les accompagnant ou les relevant dans les points morts, de manière à diminuer ou augmenter la vitesse obtenue au départ; régler le pas en raison de la voie et des besoins, reposer une main, ne pas fatiguer l'autre, de même des pieds qui peuvent être portés sur les marchepieds et étrier; louvoyer aux montées et mettre pied à terre quand la marche à Véloce est trop pénible ou périlleuse.

Pour s'arrêter : marcher du pied droit, abattre l'étrier du pied gauche, converser légèrement à droite et appuyer fortement sur l'étrier, en donnant le coup de frein juste au moment choisi pour l'arrêt, si cela paraît indispensable.

Pour stationner à Véloce : rester dans la position de l'arrêt, en ayant soin d'amener la pédale droite dans la position de départ et de balancer le corps de manière à rester en équilibre avec le moins de peine possible.

Pour repartir : comme pour le départ, si la pédale droite est en position; à défaut de cette pédale, se servir de la gauche vivement, ou descendre pour remonter et partir selon les règles.

Pour descendre : appuyer du pied gauche l'étrier,

serrer le frein au besoin et défourcher comme de cheval.

Pour chuter : écarter les jambes et faire face au Véloce pour l'arc-bouter, le retenir et déjamber ou tomber assis sur le Véloce renversé.

Pour descendre en vitesse : marcher du pied gauche, porter le pied droit sur le marchepied et défourcher rapidement de la jambe gauche après avoir frappé la pédale, chercher appui sur le sol en se laissant descendre sans sauter.

Pour descendre en lenteur : s'arrêter et descendre avec la jambétrière. Autrement avec précipitation : appuyer l'un des pieds sur la pédale, au point mort en bas, et défourcher de l'autre, comme avec le marchepied.

Pour le stationnement du Véloce : tourner la grande roue carrément à droite ou à gauche et laisser hancher le Véloce sur sa jambétrière, qui le tiendra droit.

A l'arrivée : nettoyer le Véloce, le remiser convenablement, se tenir chaudement et consommer quelques gouttes d'un liquide spiritueux avant d'absorber des liquides aqueux.

Nous ne dirons rien des exercices en voltige qui

peuvent former un art particulier pour spectacles et parades. Nous n'avons ici à nous préoccuper que de la haute école, pour laquelle les qualités d'élégance et de grâce sont très recherchées.

Dans cet ordre d'idées, il nous suffira de savoir que nous nous passons complétement de ses moyens, puisque même pour monter sur un grand Véloce, qui n'a ni jambétrière, ni marchepied, lorsqu'il est lancé en marche, nous le pouvons plus facilement qu'en voltige en plaçant le pied sur la pédale, au point mort en bas, et en enfourchant comme avec l'étrier. De même pour descendre; mais il est toujours préférable de se servir de la jambétrière et du marchepied, quand on en a le temps.

Ajoutons encore qu'on peut assez élégamment s'arrêter et stationner à Véloce sans jambétrière, en tournant la grande roue en travers et en balançant les pédales de haut en bas et de bas en haut jusqu'à l'immobilité, qui permet même d'avoir les mains libres. Mais cela ne peut être une ressource dans un embarras de voitures ou en face d'un danger. Cela est bon pour précéder le reculement.

Tel est le résumé des règles que l'adepte doit posséder complétement pour pratiquer son Véloce avec toute l'habileté que l'on est en droit d'exiger d'un Véloceman, qui doit en plus y joindre l'élégance et même la grâce. En nous lançant en voyage, en causant, nous chercherons à développer toutes les autres manières, qui sont à notre portée, pour bien les faire saisir, si déjà nous n'avons pas été dépassé instinctivement, en raison directe d'une forte éducation du corps et d'une bonne culture de l'esprit.

Pour bien vélocer en promenade ou en voyage, seul ou en compagnie, lorsqu'on s'est fortifié par un rude apprentissage et par la répétition de tous les exercices des adeptes, il importe de se procurer une bonne monture, de se nourrir convenablement, de choisir un temps favorable, de s'habiller intelligemment et de rechercher les routes solides.

Les belles voies des Véloces, en attendant les Véloces-voies spéciales, sont les places, les routes et les chemins qui ne sont pas recouverts de cailloux ronds, de graviers vifs et de macadams non damés. Il y a une si grande différence entre une voie dont le sous-sol est solide et celle qui n'est pas tassée fortement, qu'il nous est bien permis de croire que les voies spéciales seront une amélioration féconde.

Un temps convenable, c'est celui qui n'impressionne pas trop désagréablement au double point de vue du plaisir et de la santé. Nous aurons donc à redouter : les froids excessifs, les chaleurs accablantes, les pluies torrentielles et les vents de bout ou contraires à notre direction générale.

Entretenir son estomac est toujours un acte de bonne précaution pour éviter les défaillances et obtenir la puissance dont on peut avoir besoin. Sans lest pas d'élégance et sans esprit pas de grâce.

La nourriture doit être selon le goût et l'appétit. Cependant nous ne devons pas oublier que les repas doivent être fréquents pour réparer les forces, que le vin et le café sont indispensables, que le cognac est de rigueur pour réveiller l'estomac qui est engourdi par un travail longtemps soutenu, ou par des transpirations trop abondantes, et que ce n'est qu'après, que les boissons aqueuses peuvent être absorbées sans danger.

Le vêtement doit être selon le temps et la saison, mais toujours relativement très léger, sauf radoub dans le sac pour prévenir les refroidissements. L'expérience nous a fait préférer la chemise de laine directement sur le corps, la culotte courte en laine, les souliers découverts, les bas longs en laine, apparents dans le beau temps, la guêtre à boutons dans les mauvais temps ou les repos, le gilet de laine dans le sac, le veston sur la chemise, le chapeau-cape en hiver, le panama en été et un châle long en laine douce comme enveloppe du bagage, sur les courroies des manettes, et comme surcroît de vêtement contre le froid et les pluies accidentelles. Le bagage, placé sur le devant du Véloce, l'assujétit pour la marche, tandis que derrière il trouble son équilibre.

Par bonne monture nous n'entendons pas une monture de luxe brunie, dorée, garnie d'ivoire, d'ébène ou d'argent, nous entendons une monture solide, facile à entretenir, presque entièrement peinte, un peu lourde, relativement grande, ajustée avec soin dans toutes ses articulations et bien équilibrée dans toutes ses parties. Cette bonne monture, pour être complète, comme nous l'avons dit souvent, doit avoir un porte-manteau-lanterne, des coussinets à graisseurs avec mèches, des paracrottes, un frein à bascule, un marchepied et une jambétrière. Le tout doit être en parfait état d'entretien.

Cependant un Véloceman qui a l'habitude d'un Véloce en obtient l'impossible. Si l'on se sert bien d'un mauvais Véloce, à plus forte raison on doit être plus fort quand on prend l'habitude d'un bon Véloce.

La différence positive qui existe entre les Véloces, en outre des bonnes conditions de systèmes et de fabrications, consiste dans ce que les bons sont trouvés excellents par tous les Vélocemen et que les mauvais ne peuvent être montés convenablement que par ceux qui en ont pris l'habitude, le plus souvent à leurs dépens.

Un Véloceman bien monté, bien habillé et convenablement lesté en vaut deux. En longue route, s'il a le bon esprit de ménager ses forces, il peut voyager indéfiniment, sans fatigue sensible.

Enfin nous sommes impatients, nous montons à Véloce avec la jambétrière, nous nous assurons encore de l'état de la monture, nous ajustons nos vêtements, nous égayons nos membres et nous partons tous ensemble, aussi tranquillement que possible, en modérant notre ardeur pour la conserver longtemps.

N'oublions pas, et sachons une fois pour toutes, qu'il ne faut pas seulement être habiles, mais qu'il faut aussi être élégants et gracieux dans la limite du possible.

Dès le départ nous devons prendre nos distances qui, sauf les digressions, les solos, les parades, doivent être conservées pendant toute la durée de la promenade et du voyage.

Une marche en nombre doit être bien ordonnée, deux à deux, avec un mètre de distance dans les files et trois mètres au moins entre elles. Ces distances sont de rigueur pour prévenir les complications des chutes; car il n'y a pas de nécessité pour que le défaut d'équilibre de l'un des pèlerins, dans un mauvais pas, fasse tomber tous les autres comme des capucins de cartes; il importe que les distances leur permette de changer leur direction à propos et de se placer au besoin sur une même ligne sans retarder la marche.

Tout le monde doit être posé bien verticalement sur son Véloce, une main sur les manettes, les deux pieds sur les pédales et la tête droite, légèrement baissée, surtout s'il fait du vent et si le soleil est ardent.

Si nous sommes en ville, sur le pavé, nous devons marcher en lenteur, méthodiquement, en tenant les deux manettes et en accompagnant sans cesse les pédales avec les pieds. Quelle que soit la nature du sol, s'il y a du monde, nous devons conserver le pas de lenteur ou de promenade, qui offre toute la sécurité désirable pour les spectateurs ou piétons.

Lorsque nous sommes en bon chemin, si nous avons marché lentement pendant quelques minutes et si nous sommes en parade, alors nous pouvons prendre une allure de fantaisie, nous pouvons cascader à notre aise. Alors nous marchons lentement, ou vivement en changeant de stature et d'allure selon les lieux et les personnes en vue. En vitesse nous ne frappons du pied les pédales qu'en haut; en lenteur nous les conduisons dans toutes les positions. Nous évitons constamment de nous raidir avec les mains sur les manettes. Les contractions fortes et soutenues à Véloce fatiguent extraordinairement le spectateur. Le Véloce doit avoir l'air de marcher de lui-même, comme un cheval, les pédales entraînant les pieds. Il doit être tenu normalement en promenade d'une seule main et poussé délicatement avec les pieds. Le naturel uni à la force, servi par l'habileté, est la meilleure source de l'élégance.

Dans le solo, l'allure fantaisiste est de bonne mise, pourvu qu'elle ne tourne pas au grotesque ou à la voltige. Monter, descendre, s'arrêter, se reposer, repartir d'un pas saccadé, se livrer à des mouvements de corps justifiés par les accidents du sol, faire des conversions lentes ou rapides à courts rayons, des alternances de pied et des changements de main combinés, le tout sans afféterie, dénote de l'habileté, donne lieu à l'élégance et prête à la grâce. On peut faire là successivement tous les exercices qui peuvent être exigés, à de longs intervalles, dans un grand voyage.

Au contraire, dès que nous sommes en route pour longtemps, nous devons nous ménager constamment. La première fatigue, la seule qu'on doit ressentir,ainsi que les transpirations chaudes, ne se produisent qu'au sixième kilomètre. Il est donc nécessaire de se réserver au moins jusqu'au douzième kilomètre. Là, si la transpiration ne s'est pas améliorée, un léger repos est nécessaire. Mais si la chemise commence à sécher, si nous sentons tous nos membres en bon état de douce souplesse et d'énergie, nous pouvons continuer jusqu'au cinquantième kilomètre. Après, à moins de circonstances extraordinaires, nous devons prendre du repos et nous sustenter.

Du douzième kilomètre au cinquantième environ, nous n'avons plus eu qu'à vivre mollement à Véloce, en variant instinctivement nos allures, en changeant de main et de pied, en se portant tantôt en avant, tantôt en arrière de la selle, en courbant le corps sur les manettes aux montées, en le renversant en arrière aux descentes, en reposant les pieds quand la vitesse acquise paraît suffisante, en examinant le paysage, en admirant les beautés de la nature et en nous préoccupant de nos intérêts les plus chers. La douce rêverie raccourcit les distances et le demi-sommeil fait disparaître toutes les fatigues.

Si nous rencontrons des montées courtes, nous pouvons les enlever à Véloce dans les limites du possible. Si les montées ont plus de 0,06 par mètre et si elles exigent plus de dix minutes de marche, il est essentiel de mettre pied à terre. La marche à pied repose de celle du Véloce et celle du Véloce de celle à pied. Dès que l'on sent la moindre fatigue on doit user de cette ressource.

Pendant notre repos, dans la grande station, nous demandons encore à marcher à pied. Le fort Véloceman ne sent jamais ses jambes fatiguées. Ordinairement tous les Vélocemen sentent leurs jambes reposées dix minutes après être descendus de Véloce.

La grande station doit durer au moins deux heures, le temps du repas compris.

Après, nous nous remettons en route avec les mêmes précautions que celles indiquées pour le premier trajet. Nous varions le plus possible nos allures, nous louvoyons un peu dans les montées et, si nous mettons pied à terre, nous faisons louvoyer la grande roue dans les grandes inclinaisons de la voie, par des oscillations, sans déranger la petite roue et nos pieds de la ligne de marche.

Lorsque nous aurons parcouru ainsi environ vingt-cinq kilomètres, nous pouvons faire une halte d'environ dix minutes, pour parcourir ensuite les vingt-cinq autres kilomètres qui sont encore dans nos moyens, avant d'arriver au repos ou à une nouvelle grande station avec repas confortable.

Si nous repartons, nous pouvons encore parcourir, de la même manière, cinquante autres kilomètres pour achever la marche de la journée. Davantage ce serait trop. Dans le cas où l'on devrait se mettre en route pendant plusieurs jours consécutifs, il conviendrait de borner le parcours à environ cent kilomètres par journée.

Il est bien entendu que ces conditions de marche sont indiquées pour un fort Véloceman, en bonne santé, par des temps convenables, sur nos grandes routes. Quand nous aurons nos Véloces-voies, les distances à parcourir seront doublées.

Il appartient à chacun de nous de se ménager en raison de ses forces et de son tempérament. L'excès en tout est nuisible.

VI. AVENIR

Le Véloce est la seule monture qui peut offrir à tout le monde des exercices agréables, utiles et hygiéniques. Son développement actuel dépasse tout ce qu'il était possible de prévoir. S'il est difficile d'indiquer exactement ce qu'il sera dans l'avenir, il n'est pas douteux qu'il sera la seule monture pratique des peuples civilisés, à moins qu'il soit dépassé par un de ces congénères aérien, aquatique ou mécanique, ce qui est encore la même chose dans notre pensée.

Comme agrément, en promenade ou en voyage, que peut-on demander de mieux que d'être assis, les pieds portés? que d'être à cheval, les mains et le buste soutenus, avec la possibilité de marcher à son gré, sans secousse pénible, pendant plus de temps qu'on ne peut rester droit, debout ou assis? Dans ces conditions, si le temps est beau, la promenade n'a jamais que le défaut d'être trop courte et le voyage ne paraît jamais trop long.

Sous le rapport de l'utilité, on ne peut plus trouver de contradicteurs autres que les présomptueux, qui causent souvent de ce qu'ils ne connaissent pas. C'est l'histoire de toutes les découvertes, dont les auteurs ont été d'autant moins bien accueillis qu'ils étaient plus dignes d'éloges. Quoi de plus utile qu'une monture qui peut toujours être prête à notre porte pour nous permettre de tripler nos forces progressives, par tous les temps, en tous pays civilisés? Avec elle nous marchons plus vite que les chevaux et nous arrivons plus à notre aise qu'avec les chemins de fer des petites lignes.

Quant à l'hygiène, il est plus difficile de vaincre le mauvais vouloir, parce qu'on pourra toujours dire que l'usage étant récent, il est difficile de connaître les fâcheux effets qui peuvent se produire tardivement. Nous avons entendu raisonner ainsi pendant toute notre vie de choses nouvelles; cela ne doit donc pas nous étonner. Ce que nous pouvons affirmer, c'est que nous nous trouvons si bien du Véloce, que nous ne pouvons plus nous en passer. Nous ne comprendrions pas que le Véloce pût amener des perturbations dans notre organisme, quand la marche passe pour le mode de voyage le plus hygiénique, et qu'à Véloce nous ne faisons pas autre chose que de marcher assis, avec faculté de repos, assez fréquente, sans cesser d'avancer.

Nous ne craignons pas de le répéter, le Véloce développe nos forces, repose notre esprit et le prédispose au travail en même temps qu'il nous rend des services dans nos voyages et qu'il nous aguerrit.

Si le législateur comprenait le plaisir que nous procurent des promenades en plein air, à Véloce, exercices que nous ne ferions pas sans cette monture, l'avantage que nous retirons d'un mode de locomotion rapide, qui est toujours à notre portée, et les ressources de force et de santé que nous accumulons après chaque exercice, les barrières seraient bien vite renversées et les distances raccourcies: demain nous serions débarrassés de la lanterne, à l'instar des chevaux des cavaliers; nos Véloces-voies seraient coulées sur toutes nos lignes; les promenades et sentiers seraient à notre disposition et nous jouirions, avec nos Véloces, d'une liberté non moins grande que celle que nous avons individuellement, ce qui serait justice, puisque pour nous ce n'est qu'une échasse, qu'un patin, que des roulettes adaptées à notre accoutrement, avec lesquelles notre corps s'identifie.

Le Véloceman dans les promenades est certainement plus habile sur son Véloce qu'à pied pour éviter les rencontres. Pourquoi serait-il condamné à marcher à Véloce dans des conditions de voies défavorables, à moins que ce ne soit précisément parce qu'il aurait besoin de voies plus douces et plus régulières que les piétons ?

Les chemins de fer, qui n'auraient pu rendre que des services considérables et incontestables, si, au lieu de devenir la règle générale des voyages, ils en étaient restés l'exception, si on s'était borné aux grandes lignes seulement, au lieu de les multiplier à travers monts et marais, ont apporté des perturbations énormes dans nos mœurs et nos intérêts. La société n'y a gagné que le marasme, l'esclavage, la fièvre des affaires, les déceptions spéculatives, les maladies mentales et l'abandon des routes de terre qui relient les campagnes et réunissent les hommes.

L'adoption du Véloce pour les promenades et les petits voyages, remettra en honneur la locomotion en poste qui lui est sympathique; rendra les chevaux aux travaux des champs, aux classes favorisées, aux équipages de guerre; remettra les gens des villes en communication avec ceux des campagnes; établira des relations fraternelles et amicales entre les hommes de conditions différentes et amènera la transformation de nos costumes, qui sont aussi laids que dispendieux et qui ne peuvent même pas cacher à tous les yeux l'état d'affaissement dans lequel les sociétés modernes, à défaut de culte artistique et de poésie divine, sont tombées, sous le poids de l'or, dans les étreintes de l'égoïsme.

Ce qui est positif, c'est que le Véloce ne peut être la monture que des peuples civilisés, qui sont dotés de belles routes et qui peuvent un jour faire exécuter leurs Véloces-voies. Il doit être considéré, en ce moment, comme un signe d'extrême civilisation ou de transition à une civilisation supérieure, que nous n'avons jamais connue.

Si on suit l'histoire, on reconnaît que les grandes modifications dans les rapports des peuples et leurs manières d'être s'effectuent suivant des périodes de temps à peu près régulières. Comme nous arrivons bientôt à la fin de l'une de ces périodes, nous sommes à nous demander si la transformation ne sera pas, plus ou moins tôt, la réforme de tous les grands abus qu'entraîne avec elle une extrême civilisation, et si notre chétive et légère monture ne sera pas la colombe qui nous apportera l'olivier de paix, après les orages, pour aider au retour de mœurs plus simples, porter à des relations cordiales, pousser à des assemblées de peuples, développer les tournois de chevalerie vélocéenne et supprimer ou honnir les engins de destructions formidables, qui arment les mauvais génies contre les enfants de Dieu pour les détruire, sans nul souci de leurs forces et de leurs vertus.

Nous admettrons que nous nous abusons et prendrons l'engagement d'abandonner cette thèse, si seulement on veut bien reconnaître que notre monture est, à coup sûr, mieux faite pour le bonheur des hommes que toutes les machines infernales, qui sont d'autant plus vantées qu'elles sont plus monstrueuses et plus destructives, comme des prisonniers qui s'extasieraient devant les pierreries dont seraient ornées leurs chaînes, et que le Véloce est plus digne d'encouragement que ces canons informes et grossiers, que nulle machine de transport ne peut porter sur ses appareils ordinaires.

Oui! le Véloce est une monture que tout le monde peut chevaucher. Les enfants, les adultes, les vieillards peuvent en faire également usage pour leurs promenades et leurs voyages, isolés ou en compagnie. Lorsque les Véloces-voies seront établies, deux voyageurs pourront marcher alternativement sur le même Véloce, avec un bagage relativement considérable, sans se fatiguer, pendant des journées entières, sauf les temps de repas et de sommeil.

Alors les gens de campagnes, les oisifs des villes, les employés des administrations, les personnes affairées et les soldats emploieront cette monture et ses congénères pour se transporter sur les lieux de leurs travaux, fréquenter les marchés des villes et campagnes, transporter les approvisionnements journaliers, faire les services publics, se rendre dans des bureaux, visiter les clients et exécuter les grands mouvements qui exigent de la célérité.

En attendant, le moment n'est même pas loin où nous pourrons voir les marchés des villes approvisionnés chaque matin par les gens des campagnes à l'aide de Véloces à la place de leurs baudets, où nous saurons que les services ruraux sont remplis la plupart par des facteurs montés à Véloce, où nous caracolerons sur notre monture avec nos familles entières, dans nos fêtes bien aimées, où nous admirerons les étudiants dans leurs grands exercices de tournois de vélocites, où nous rencontrerons les enfants se rendant aux écoles éloignées avec leurs vélocins et où les soldats, au lieu d'user leurs forces pour porter un matériel écrasant, réclameront nos Vélocipèdes, pour les utiliser en vue de leurs opérations lointaines.

Sur ce dernier point nous savons bien qu'on objectera que les campagnes de guerre ne peuvent être faites par des Vélocegermen; mais nous répondrons que les chemins de fer et les télégraphes, qui sont comptés pour beaucoup en stratégie, ne nous fourniraient que de faibles ressources de communication et de transport; attendu que les pays qui auraient été traversés par des armées ennemies n'en conserveraient que des lambeaux sans matériel, malgré toutes les dépenses en hommes et en argent faites pour les réparer promptement; tandis que le chétif Véloce sera toujours prêt et que ces Véloces-voies seront faciles à rétablir, puisqu'il ne leur faudrait que quelques centimètres de largeur de béton ou de terres battues sur les routes pour faire effectuer leurs passages.

La seule question embarrassante pour nous a été, pendant assez longtemps, de savoir si le Véloce était venu en son temps, ou s'il était en retard. Nous avons d'abord pensé qu'il aurait dû se produire antérieurement, au moins en 1835, lorsqu'on était préoccupé de voies ferrées; parce qu'alors il aurait pu nous éviter des dépenses exagérées, qui auraient été appliquées plus utilement dans des travaux de canalisations, de reboisements, de défrichements, d'endiguements, d'assainissements et d'améliorations agricoles; mais aujoud'hui nous croyons qu'il ne pouvait avoir du succès et avoir des chances d'un emploi général qu'à notre époque, puisqu'il a besoin pour cela d'avoir des voies spéciales qu'il n'aurait jamais obtenues, dans de bonnes conditions de pente, de courbe et de solidité, avant les chemins de fer et les ciments, qui peuvent aujourd'hui lui permettre de rendre tous les services qui lui incombent.

Le Véloce, qui ne s'est point trompé de date,

est donc appelé, selon nous, à être employé par tout le monde et à nous servir pour nous retremper moralement et physiquement en vue de destinées nouvelles. Tel est notre désir, si déjà cela ne peut être considéré comme le commencement d'un fait nouveau de progrès incontestable.

Ad Berruyer,
Rue Lesdiguières, 23, à Grenoble.

———

TYPE

DES VÉLOCES DÉPOSÉS A PARIS

Boulevard du Temple, 46. — Erny.

Grenoble, Imp. Allier père et fils.

www.ingramcontent.com/pod-product-compliance
Ingram Content Group UK Ltd.
Pitfield, Milton Keynes, MK11 3LW, UK
UKHW021619260726
13965UKWH00007B/1324